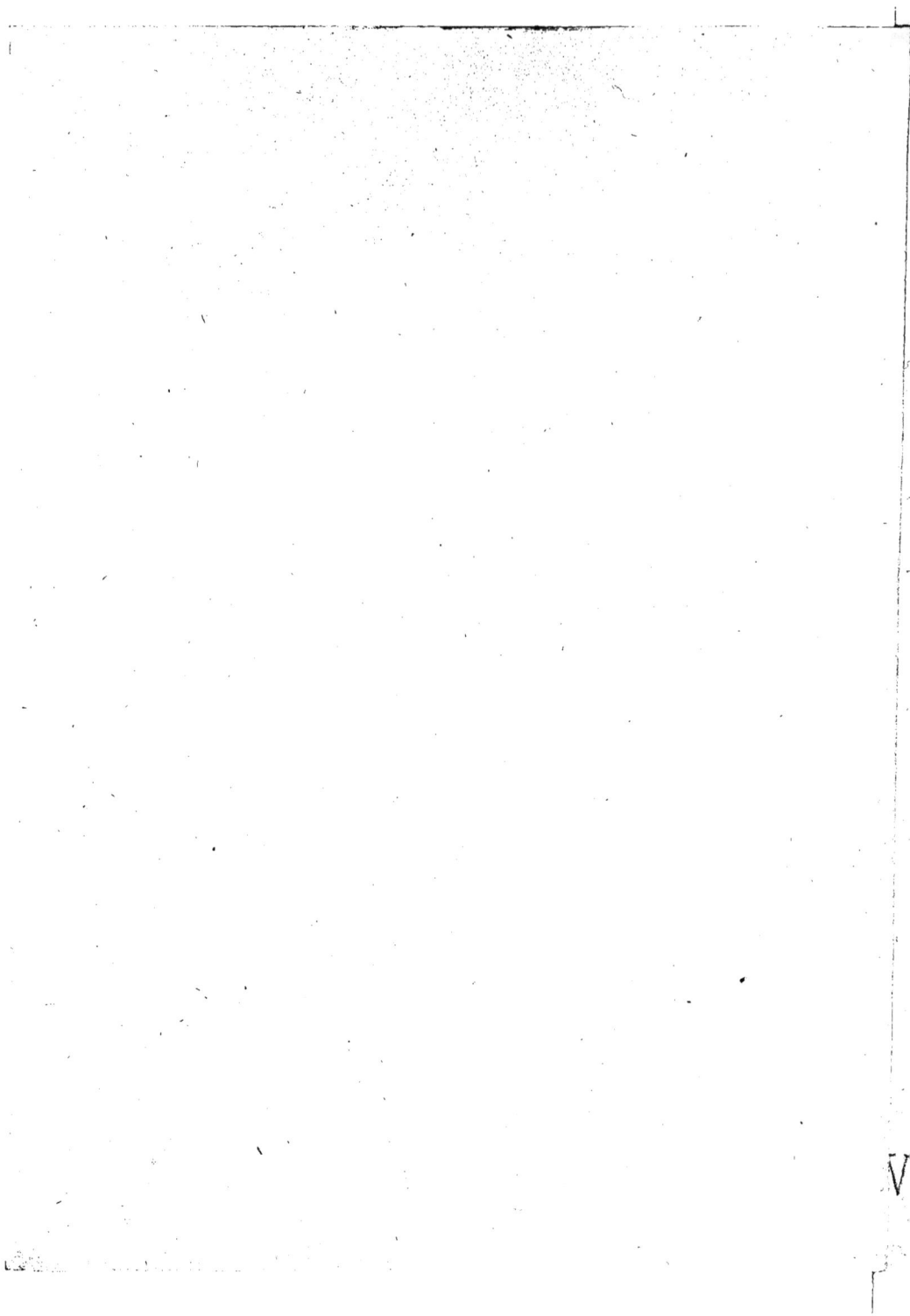

V

TARIF

DES

TRAVAUX DE MENUISERIE A FAÇON.

TARIF

DES

TRAVAUX DE MENUISERIE

A FAÇON

EXÉCUTÉS DANS LA VILLE DE LYON (RHONE)

PUBLIÉ

PAR C. BRIZARD

 Architecte en Bâtiments, Inspecteur des Travaux de l'École impériale Vétérinaire de Lyon.

2e Édition, revue et corrigée.

ANNÉE 1856.

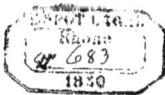

LYON

IMPRIMERIE ADMINISTRATIVE DE CHANOINE

SE VEND A LYON

Chez L'Auteur, rue des Capucins, 6.   Chez SÈVE-LIOGER, rue de la Barre.
— POTALIER, cours Morand, 2, (Brotteaux).   — MOURAUD, rue Nationale (Vaise).

1856

AVERTISSEMENT.

Les nombreuses réclamations faites au sujet de la complication de la première édition de mon ouvrage me forcent aujourd'hui à réduire et à corriger les articles et les prix insuffisants qui y étaient fixés.

La majorité des Entrepreneurs et Marchandeurs ont compris aujourd'hui que, par la complication des articles et des prix mentionnés dans notre première édition, les travaux de menuiserie à façon devaient s'estimer ainsi, en rendant la seconde édition que nous allons publier bien moins compliquée.

J'ose espérer que messieurs les Entrepreneurs et Marchandeurs trouveront dans ce travail tous les avantages nécessaires à assurer l'intérêt de chacun.

L'auteur, en publiant cette nouvelle édition, espère que les relations entre entrepreneurs et marchandeurs seront régulières. Son but sera rempli, si son œuvre est comprise.

OBSERVATIONS GÉNÉRALES.

Des épaisseurs des Bois.

Les épaisseurs des bois qui sont fixées dans nos tableaux sont celles des bois avant que d'être en œuvre.

De l'exécution des Travaux.

1° Les Prix fixés dans nos tableaux sont pour des travaux de bonne main-d'œuvre, compris pièces, chevilles, mastic nécessaire à leur confection.

2° Ils comprennent en outre tous les travaux accessoires, tels que : fausses coupes, coupes biaises, onglets, rainures ou languettes d'embrèvement, entailles ordinaires et profilées lors de la pose, etc. et le montage et pose en place des ouvrages.

3° Toutes les malfaçons seront jugées par expert choisi par les parties intéressées.

4° Tous les ouvrages seront transportés par les entrepreneurs à la porte des maisons, et seront montés à pied d'œuvre par les marchandeurs.

5° Tous les ouvrages en noyer ou autres essences de bois dur seront payés le même prix que ceux en chêne.

6° Les mêmes ouvrages pour devantures et fermetures de magasins avec volets en fer seront payés 5 p. 0/0 en plus des prix fixés dans les tableaux de règlement, pour plus value de perte de temps et difficulté de pose.

7° Lorsque les marchandeurs seront chargés de prendre les mesures et faire les plans, il sera alloué 1/10 en plus sur les prix fixés dans les tableaux de règlement, mais alors ils répondront de l'exécution.

8° Lorsque les marchandeurs seront chargés de faire le débit des bois, il leur sera alloué 5 p. 0/0 en plus sur les prix fixés dans les tableaux de règlement, mais alors ils répondront des déchets des bois.

9° Tous les ouvrages neufs de grande ou petite partie seront toujours payés suivant les prix du tarif, soit au mètre superficiel, linéaire et à la pièce, et d'après leur nature de main-d'œuvre.

Des Travaux à la campagne.

Pour les travaux faits à la campagne, à partir de 4 kilomètres en dehors des barrières et murs d'enceinte de la ville de Lyon, il sera alloué pour indemnité de faux frais quatre-vingts centimes pour chaque journée employée par les marchandeurs à la façon ou à la pose des ouvrages ; mais, si les marchandeurs sont nourris par les propriétaires, il ne sera alloué aucune indemnité.

Mode de Mesurage.

Tous les ouvrages de menuiserie à façon seront mesurés au mètre superficiel, linéaire et à la pièce et sans aucun usage, à l'exception des ouvrages cintrés en plan, en élévation et à ellipse.

(Voir les observations à la fin des chapitres de nos prix de règlement.)

CHAPITRE IER.

1re Section.

OUVRAGES LISSES EN BOIS BRUTS,

Au mètre superficiel.

Nos DES ARTICLES.	DÉSIGNATION DES TRAVAUX.	SAPIN POUR			CHÊNE POUR			Nos des PRIX.	OBSERVATIONS.
		façon et refente ou besoin	pose.	refente, façon et pose.	façon et refente.	pose.	refente façon et pose.		
1	CLOISONS de caves, tablettes, rayons, planchers et portes, etc. en planches entières en bois des épaisseurs de — 013^m à 027^m et 034^m — dressés sur les rives.	» 15	» 20	» 35	» 30	» 25	» 55	1	
	dressés rainés. . .	» 35	» 20	» 55	» 60	» 25	» 85	2	
	011^m — dressés sur les rives.	» 20	» 25	» 45	» 45	» 30	» 75	3	
	dressés rainés. . .	» 45	» 25	» 70	» 75	» 30	1 05	4	

2me Section.

OUVRAGES LISSES EN SAPIN, BLANCHIS,
A UN PAREMENT,

Au mètre superficiel.

Nos DES ARTICLES.	DÉSIGNATION DES TRAVAUX.	SAPIN POUR			CHÊNE POUR			Nos des PRIX.	OBSERVATIONS.
2	CLOISONS tablettes, rayons, etc. — 013^m à 027^m et 034^m — dressés rainés. . .	» 40	» 30	» 70	»	»	»	5	
	rainés, collés. . .	» 55	» 30	» 85	»	»	»	6	
	041^m — dressés rainés. . .	» 55	» 35	» 90	»	»	»	7	
	rainés, collés. . .	» 75	» 35	1 10	»	»	»	8	

Nos DES ARTICLES	DÉSIGNATION DES TRAVAUX.	LE MÈTRE SUPERFICIEL.						Nos des PRIX.	OBSERVATIONS.
		EN SAPIN.			EN CHÊNE.				
		pour refente et façon.	pour pose.	pour refente, façon et pose.	pour refente et façon.	pour pose.	pour refente, façon et pose.		
	3ᵐᵉ Section.								
	OUVRAGES LISSES EN SAPIN, BLANCHIS, A DEUX PAREMENTS,								
	Au mètre superficiel.								
3	CLOISONS, tablettes, rayons, etc. — 013ᵐ à 027ᵐ et 034ᵐ — dressés rainés. . .	» 60	» 30	» 90	»	»	»	9	
	rainés, collés. . . .	» 80	» 30	1 10	»	»	»	10	
	041ᵐ — dressés rainés. . .	» 80	» 35	1 15	»	»	»	11	
	rainés, collés, avec languettes rapportées.	1 05	» 35	1 40	»	»	»	12	
	4ᵐᵉ Section.								
	OUVRAGES LISSES EN BOIS NEUF, CORROYÉS, A UN PAREMENT,								
	Au mètre superficiel.								
4	CLOISONS, séparations, tablettes, rayons, montants, planchers, portes pleines, etc. en bois des épaisseurs de — 013ᵐ à 027ᵐ et 034ᵐ — dressés rainés. .	»	»	»	1	» 50	1 50	13	
	rainés, collés et poncés.	» 60	» 30	» 90	1 30	» 50	1 80	14	
	rainés, emboités. .	1 55	» 20	1 75	2 25	» 35	2 60	15	
	041ᵐ — dressés rainés. .	»	»	»	1 25	» 55	1 80	16	
	rainés, collés et poncés.	» 85	» 35	1 20	1 70	» 55	2 25	17	
	rainés, emboités. .	1 65	» 25	1 90	2 85	» 40	3 25	18	
	048ᵐ à 054ᵐ — dressés rainés. .	»	»	»	1 90	» 70	2 60	19	
	rainés, collés, poncés, avec languettes rapportées. .	1 30	» 40	1 70	2 55	» 70	3 25	20	
	rainés, emboités. .	2 70	» 30	3 »	4 90	» 50	4 50	21	

Nos DES ARTICLES	DÉSIGNATION DES TRAVAUX.	SAPIN POUR			CHÊNE POUR			Nos des PRIX.	OBSERVATIONS.
		refente et façon.	pose.	refente, façon et pose.	refente et façon.	pose.	refente, façon et pose.		

5me Section.

OUVRAGES LISSES EN BOIS NEUFS, CORROYÉS, A DEUX PAREMENTS,

Au mètre superficiel.

Nos DES ARTICLES	DÉSIGNATION DES TRAVAUX.	SAPIN: refente et façon	SAPIN: pose	SAPIN: refente, façon et pose	CHÊNE: refente et façon	CHÊNE: pose	CHÊNE: refente, façon et pose	Nos des PRIX
	013m à 027m et 034m — dressés rainés. . . .	»	»	»	1 55	» 50	2 05	22
	rainés, collés et poncés.	» 85	» 30	1 15	1 85	» 50	2 35	23
	rainés, emboîtés. . .	1 80	» 20	2 »	2 80	» 35	3 15	24
5 — CLOISONS, tablettes, rayons, portes pleines, etc.	041m — dressés rainés.	»	»	»	1 80	» 60	2 40	25
	rainés, collés et poncés.	1 15	» 35	1 50	2 25	» 60	2 85	26
	rainés, emboîtés. . .	1 95	» 25	2 20	3 45	» 40	3 85	27
	048m à 054m — dressés rainés. . . .	»	»	»	2 45	» 75	3 20	28
	rainés, collés et poncés, avec languettes rapportées.	1 70	» 40	2 10	3 05	» 75	3 80	29
	rainés, emboîtés. . . .	3 20	» 30	3 50	4 50	» 55	5 05	30

NOTA.

Toutes les clefs rapportées dans les joints des bois lisses seront payées à part :

La pièce en sapin. La pièce en chêne.

DÉSIGNATION	SAPIN			CHÊNE			Nos des PRIX
Clefs rapportées, incrustées et collées. . .	»	»	» 20	»	»	» 30	31

OBSERVATIONS ET MODE DE MÉTRAGE

DES BOIS UNIS OU LISSES.

1° Toutes les alaises en chêne ou en noyer au-devant des tablettes en sapin ou autres, seront payées à part, suivant les prix alloués chapitre 15.

2° Toutes les moulures élégies sur les rives des tablettes ou autres parties unies, ainsi que les coins ronds, etc. seront payés à part suivant les prix alloués chapitre 21.

3° Les casiers de magasins ou autres seront payés le même prix que les bois unis ; mais on comptera à part toutes les rainures à mi-bois, assemblages à queues ou à tenons qui se trouveront dans ces casiers. (*Voir pour le prix de ces ouvrages le chapitre 21.*)

4° Les portes pleines en planches entières, barrées ou à pargues derrière, les barres ou pargues seront comptées à part, suivant les prix alloués aux chapitres 12 et 15.

5° Toutes les moulures saillantes rapportées sur les cloisons ou séparations en bois lisses pour former cadres, chambranles ou attiques, seront détachées et payées à part, suivant les prix alloués chapitre 18.

Parties cintrées.

6° Les bois unis ou lisses qui seront cintrés en plan seront payés le double des prix ci-dessus alloués pour plus value de main-d'œuvre de ces ouvrages.

7° Les parties cintrées en élévation ou chantournées au moyen de traits de scie seront mesurées par équarrissement, et les chantournements à la scie ne seront pas payés à part.

8° Les bois unis qui seront cintrés au moyen de traits de scie, lors de la pose en place, il sera ajouté 2/10 en plus des prix ci-dessus alloués.

N.os DES ARTICLES.	DÉSIGNATION DES TRAVAUX.	SAPIN POUR			N.os des PRIX.	OBSERVATIONS.
		FAÇON.	POSE.	FAÇON ET POSE.		

CHAPITRE II.

PLANCHERS ET PARQUETS EN FRISES.

1.re Section.

**Planchers de Soupentes ou autres,
sans lambourdes,
blanchis et corroyés, à deux parements,**

Au mètre superficiel.

NOTA. — Tous les bois seront donnés refendus aux marchandeurs.

| 7 | PLANCHERS de soupentes en frises de | 12.c à 16.c de largeur, en bois des épaisseurs de | 027.m à 030.m 034.m 041.m 054.m | » 70 » 75 » 95 1 50 | » 45 » 50 » 55 » 75 | 1 15 1 35 1 50 2 25 | 32 33 34 35 |

2.me Section.

**Façon de Parquets en frises longues,
dites à l'Anglaise,**

Au mètre superficiel.

NOTA. — Tous les bois seront donnés refendus aux marchandeurs.

				Au mètre superficiel, pour façon de			
				SAPIN.	MÉLÈZE.	CHÊNE.	
8	PLANCHERS en frises de	13.c à 16.c de largeur, en bois des épaisseurs de	027.m à 030.m 034.m 041.m	» 50 » 60 » 70	» 65 » 75 »	» » »	36 37 38

Nos DES ARTICLES.	DÉSIGNATION DES TRAVAUX.	AU MÈTRE SUPERFICIEL pour façon en			Nos des PRIX.	OBSERVATIONS.
		SAPIN.	MÉLÈZE.	CHÊNE.		
9	**2ᵐᵉ Section** (SUITE.) LONGUES, dites à l'Anglaise, en frises de — 09ᵉ à 12ᵉ en bois des épaisseurs de — 027ᵐ à 030ᵐ / 034ᵐ / 041ᵐ	» 60 » 75 » 85	» 75 » 90 »	1 10 1 30 1 50	39 40 41	

3ᵐᵉ Section.

Façon de Parquets à fougères ou à points de Hongrie,

Au mètre superficiel.

NOTA. — Tous les bois seront donnés refendus aux marchandeurs.

		Pour façon en			
		SAPIN.	CHÊNE.		
10	PARQUETS A FOUGÈRES, en frises, en bois des épaisseurs de — 027ᵐ à 030ᵐ / 034ᵐ / 041ᵐ	» 90 1 » 1 15	1 60 1 75 1 90	42 43 44	

4ᵐᵉ Section.

Parquets en feuilles pour façon seulement.

11	LA FEUILLE de 1ᵐ00 à 1ᵐ10, bâtis de 041ᵐ, panneaux de 020ᵐ à 027ᵐ, en chêne, noyer ou essence de bois dur. — bâtis compris refente 3 » / 16 panneaux. . . . 1 » / pour poser, ajuster les panneaux, cheviller les bâtis, replanir et équarrir. . . . 1 90	La pièce en Chêne ou essences de bois dur.			
	Prix de la feuille. 5 90	5 90			45

N^os DES ARTICLES.	DÉSIGNATION DES TRAVAUX.			LE MÈTRE SUPERFICIEL SUR LAMBOURDES		N^os des PRIX.	OBSERVATIONS.
				EN SAPIN OU MÉLÈZE.	EN CHÊNE.		

5me Section.

—

Pose des Parquets neufs, compris pose des Lambourdes en sapin ou en Chêne et affleurage des Joints après la pose,

Au mètre superficiel.

N^os	DÉSIGNATION				EN SAPIN		EN CHÊNE		N^os PRIX
12	PARQUETS en frises longues dites à l'Anglaise, avec rainures par bouts de	13e à 16e en	sapin ou mélèze en bois des épaisseurs de	027^m à 030^m	»	55	»	65	46
				034^m	»	60	»	70	47
				041^m	»	65	»	75	48
		08e à 12e en	sapin ou mélèze en bois des épaisseurs de	027^m à 030^m	»	60	»	70	49
				034^m	»	65	»	75	50
				041^m	»	70	»	80	51
			chêne, id.	027^m	1	10	1	20	52
				034^m	1	20	1	30	53
				041^m	1	35	1	45	54
13	PARQUETS à fougères, en frises de	08e à 12e en	sapin, en bois des épaisseurs de	027^m à 030^m	1	15	1	25	55
				034^m	1	20	1	30	56
				041^m	1	30	1	40	57
			chêne, id.	027^m	1	25	1	35	58
				034^m	1	35	1	45	59
				041^m	1	50	1	60	60
14	PARQUETS en feuilles.	Le mètre superficiel.			1	30	1	40	61

OBSERVATIONS.

1° Pour les Parquets qui seront posés sans Lambourdes il sera diminué, par mètre superficiel, des prix ci-dessus, pour la pose des Lambourdes :

Pour ceux en. . . . . { sapin. . . »f 25c
                                   { chêne. . . » 35

2° Lorsqu'il y aura un second replanissage de Parquet après le passage des peintres, il sera alloué, par mètre superficiel :

Sur Parquets en. . . . . { sapin. . »f 25c
                                  { chêne. . » 35

3° Pour le rabotage et le râclage des vieux Parquets. . . . . » 50

CHAPITRE III.

**CHASSIS, PORTES ET CLOISONS VITRÉS,
IMPOSTES ET ARCHIVOLTES, AVEC
OU SANS DORMANTS RAVALÉS
DE MOULURES,
PROFIL DE 015ᵐ à 020ᵐ
ET FEUILLURES, ET OUVRANT A UN
OU DEUX VENTAUX,**

Au mètre superficiel,

(Compris feuillures, noix, congés, etc.)

NOTA. — Les châssis en sapin sont avec petits bois chêne.

Nᵒˢ DES ARTICLES	DÉSIGNATION DES TRAVAUX.	SAPIN POUR				CHÊNE OU NOYER POUR				Nᵒˢ des PRIX.	OBSERVATIONS.
		refente.	façon.	pose.	refente, façon et pose.	refente.	façon.	pose.	refente, façon et pose.		
	027ᵐ à 034ᵐ à glace de 2 à 4 carreaux, par mètre superficiel. .	» 10	1 90	» 25	2 25	» 10	2 55	» 35	3 »	62	
	à petits montants ou petits bois de 5 à 7 carreaux, par mètre superficiel. .	» 10	2 15	» 25	2 50	» 10	2 80	» 35	3 25	63	
	à petits montants ou petits bois de 8 à 12 carreaux, par mètre superficiel. .	» 15	2 75	» 25	3 15	» 15	3 50	» 35	4 »	64	
15 CHASSIS, portes, etc. en bois des épais-seurs de	**041ᵐ** à glace de 2 à 4 carreaux, par mètre superficiel. .	» 15	1 95	» 30	2 40	» 15	2 65	» 40	3 20	65	
	à petits montants ou petits bois de 5 à 7 carreaux, par mètre superficiel. .	» 15	2 25	» 30	2 70	» 20	2 85	» 40	3 45	66	
	à petits montants ou petits bois de 8 à 12 carreaux, par mètre superficiel. .	» 20	2 85	» 30	3 35	» 25	3 60	» 40	4 25	67	
	048ᵐ à 054ᵐ à glace de 2 à 4 carreaux, par mètre superficiel. .	» 20	2 20	» 35	2 75	» 20	2 95	» 50	3 65	68	
	à petits montants ou petits bois de 5 à 7 carreaux, par mètre superficiel. .	» 25	2 65	» 35	3 25	» 25	3 65	» 50	4 40	69	
	à petits montants ou petits bois de 8 à 12 carreaux, par mètre superficiel. .	» 35	2 95	» 35	3 65	» 35	4 05	» 50	4 90	70	

OBSERVATIONS ET MODE DE MÉTRAGE

DES CHASSIS, PORTES & CLOISONS VITRÉS.

1° Les portes et cloisons ayant des boiseries d'appui se mesureront d'abord, la partie supérieure comme partie vitrée, et ensuite la boiserie d'appui sera comptée suivant sa nature d'après les tableaux des boiseries d'assemblages qui suivent, et chacune des hauteurs sera prise au milieu de la traverse séparative.

2° Les dormants seront mesurés avec les châssis.

3° Les châssis et cloisons vitrés, etc., qui seront en pente ou triangulaires, seront toujours mesurés au 7/10 de leur hauteur ou largeur pour mesure réduite, pour plus-value d'assemblages en fausses coupes.

4° Les châssis qui n'auront pas deux carreaux par mètre, seront comptés au mètre linéaire comme bâtis d'assemblages, et payés, suivant leur nature, d'après les prix du chapitre 14.

5° Les châssis à compartiments obliques seront payés 1/3 en plus des prix fixés ci-dessus.

6° Les châssis, cloisons et portes vitrés, qui seront avec moulures aux deux parements, seront payés 1/10 en plus des prix ci-dessus.

7° Si les châssis, cloisons ou portes vitrés ont des jets d'eau dans le bas, on ajoutera 08ᶜ à la hauteur réelle de la partie où se trouvent les jets d'eau.

8° Si les châssis et cloisons vitrées ont une traverse d'imposte saillante, formant côtés, on ajoutera 08ᶜ à la hauteur réelle.

9° Si les cloisons et portes vitrées ont des montants saillants, formant côtés, on ajoutera en plus à la largeur réelle celle des montants.

10° Les châssis et cloisons vitrés qui auront des angles arrondis et tournés, ces coins ronds seront payés séparément, suivant les prix alloués au chapitre 9.

Cintre.

11° Les châssis et cloisons vitrés, cintrés en élévation, seront d'abord considérés comme parties carrées, et mesurés jusqu'au plus haut du cintre ; et, pour compenser la plus grande main-d'œuvre des trompillons, traverses, battants rayonnants, la partie cintrée sera comptée double.

12° Les châssis et cloisons vitrés qui auront des portions de cercle au-dessous de 25ᶜ de flèche, on ajoutera toujours à la hauteur réelle 25ᶜ pour plus-value de ces segments de cercle ; celles au-dessus de 25ᶜ de flèche seront comptées comme il est dit plus haut.

Nos DES ARTICLES.	DÉSIGNATION DES TRAVAUX.	LE MÈTRE SUPERFICIEL POUR			Nos des PRIX.	OBSERVATIONS.
		REFENTE.	FAÇON.	REFENTE ET FAÇON.		

CHAPITRE IV.

CROISÉES ET PORTES-CROISÉES EN CHÊNE,
DITES A BALCON,
A GLACE ET SANS VOLETS,
AU-DESSUS DE 2^m00 DE SURFACE,

Le mètre superficiel (sans pose).

Nos DES ARTICLES.	DÉSIGNATION DES TRAVAUX.			REFENTE.	FAÇON.	REFENTE ET FAÇON.	Nos des PRIX.
16	CROISÉES en chêne, de 1 à 2 ventaux ouvrant à noix, à feuillures et à gueule de loup, avec dormant, jet d'eau et pièce d'appui. (Le mètre superficiel.)	dormant de 054^m, châssis de 034^m à 041^m	ordinaires. . . .	» 30	2 95	3 25	71
			à imposte dormant.	» 30	3 20	3 50	72
			à imposte ouvrant.	» 35	3 35	3 70	73
		dormant de 054^m à 068^m, châssis de 047^m à 054^m	ordinaires. . . .	» 35	3 40	3 75	74
			à imposte dormant.	» 35	3 75	4 10	75
			à imposte ouvrant.	» 40	3 90	4 30	76

NOTA.

	REFENTE.	FAÇON.	REFENTE ET FAÇON.	Nos des PRIX.
1° Toutes les croisées qui ne produiront pas 1^m 50e de surface seront payées en plus, par mètre.	»	»	1 »	77
2° Celles au-dessus, jusqu'à 2^m de surface, seront payées en plus, par mètre.	»	»	» 75	78
3° Les portes à balcon avec panneaux dans le bas, seront payées, par mètre, en plus des prix ci-dessus. . . .	»	»	» 60	79

OBSERVATIONS ET MODE DE MESURAGE

DES CROISÉES & PORTES-CROISÉES.

1° Les croisées et portes-croisées seront mesurées et comptées au mètre superficiel. (Les prix ne comprennent pas la pose en place.)

2° Les croisées ou portes-croisées à la grecque seront payées 1/4 en plus des prix ci-dessus alloués.

Cintre.

3° Les croisées et portes-croisées cintrées en archivoltes en élévation se mesureront comme si elles étaient carrées, et on doublera la hauteur de la partie cintrée pour plus value.

4° Les croisées et portes-croisées qui seront cintrées d'une portion de cercle jusqu'à 0^m25 de flèche, on ajoutera toujours à la hauteur 0^m25; au-dessus de cette flèche, on doublera la hauteur de la partie cintrée.

5° Les croisées et portes-croisées qui formeront des cintres surbaissés ou demi-ellipse seront d'abord mesurées au carré, et de plus la hauteur de la partie cintrée sera comptée une fois et demie en plus pour plus value.

Nos DES ARTICLES.	DÉSIGNATION DES TRAVAUX.	LE MÈTRE SUPERFICIEL POUR			Nos des PRIX.	OBSERVATIONS.
		REFENTE.	FAÇON.	REFENTE ET FAÇON.		

CHAPITRE V.

VOLETS DE CROISÉES ET DE PORTES A BALCON, AU-DESSUS de 2^m DE SURFACE,

Au mètre superficiel (sans pose).

Nos DES ARTICLES.	DÉSIGNATION DES TRAVAUX.				REFENTE.		FAÇON.		REFENTE ET FAÇON.		Nos des PRIX.
17	VOLETS BRISÉS DE croisées et portes-croisées, dites à balcon, à petits cadres de 015^m à 020^m de profil, à plates-bandes, un parement et à glace ou arrasé de l'autre. (Le mètre superficiel, compris noix, congés, feuillures, etc.)	en 4 feuilles pour une croisée ordinaire.	bâtis 027^m à 034^m	sapin....	»	15	2	60	2	75	80
				chêne et sapin.	»	25	3	50	3	75	81
				chêne....	»	25	4	»	4	25	82
		en 6 feuilles avec battants élégis pour le développement	bâtis 027^m à 034^m	sapin....	»	30	3	»	3	30	83
				chêne et sapin.	»	40	4	20	4	60	84
				chêne....	»	40	4	70	5	10	85

NOTA.

1° Tous les volets de croisées qui ne produiront pas une surface de 1^m 25^c seront payés, par mètre, en plus des prix ci-dessus :

		REFENTE.		FAÇON.		REFENTE ET FAÇON.		Nos des PRIX.
Pour ceux en	sapin...........	»		»		»	50	86
	chêne et sapin.......	»		»		1	»	87
	chêne............	»		»		1	30	88

2° Les mêmes volets, au-dessus de 1^m 25^c et jusqu'à 2^m de surface, seront payés, par mètre, en plus des prix ci-dessus :

		REFENTE.		FAÇON.		REFENTE ET FAÇON.		Nos des PRIX.
Pour ceux en	sapin...........	»		»		»	25	89
	chêne et sapin........	»		»		»	50	90
	chêne...........	»		»		»	70	91

3° Les volets cintrés seront mesurés comme les parties cintrées des croisées.................. Ob^{on}. Ob^{on}. Ob^{on}

Pose de croisées ou portes à balcon, avec ou sans volets. » » » 25 — 92

N^{os} DES ARTICLES.	DÉSIGNATION DES TRAVAUX.	LE MÈTRE SUPERFICIEL POUR			N^{os} des PRIX.	OBSERVATIONS.
		REFENTE des BATIS.	FAÇON.	REFENTE ET FAÇON.		
	# CHAPITRE VI. VOLETS BRISÉS ET MOBILES D'ASSEMBLAGES POUR DEVANTURES ET FERMETURES EXTÉRIEURES, Le mètre superficiel.					
18	VOLETS BRISÉS et mobiles de devantures et fermetures de magasins à glace — jusqu'à 6 panneaux par mètre superficiel en bâtis de 027^m à 034^m — sapin.	» 15	2 15	2 30	93	
	chène et sapin.	» 20	2 55	2 75	94	
	chène.	» 20	2 80	3 »	95	
	de 7 à 10 panneaux par mètre superficiel en bâtis de 027^m à 034^m — sapin.	» 20	2 80	3 »	96	
	chène et sapin.	» .30	3 35	3 65	97	
	chène.	» 30	3 70	4 »	98	

NOTA.

Les volets cintrés seront mesurés comme les parties cintrées des châssis et croisées vitrés.

Nos DES ARTICLES.	DÉSIGNATION DES TRAVAUX.	LE MÈTRE SUPERFICIEL POUR			Nos des PRIX.	OBSERVATIONS.
		REFENTE des BATIS.	FAÇON.	REFENTE ET FAÇON.		

CHAPITRE VII.

PERSIENNES ET PORTES-PERSIENNES,

Au mètre superficiel (sans pose).

Nos DES ARTICLES.	DÉSIGNATION DES TRAVAUX.						REFENTE des BATIS.	FAÇON.		REFENTE ET FAÇON.		Nos des PRIX.	OBSERVATIONS.
	PERSIENNES et portes-persiennes, — Le mètre superficiel. — NOTA. Les lames seront données refendues aux marchandeurs.	ouvrant à 1 ou 2 ventaux en	bâtis de 034m à 041m	sans dormant	sapin.	»	15	2	35	2	50	99	
					chêne et sapin.	»	20	3	30	3	50	100	
					chêne.	»	20	4	05	4	25	101	
				avec dormant	sapin.	»	18	2	75	2	90	102	
					chêne et sapin.	»	30	3	70	4	»	103	
19					chêne.	»	30	4	55	4	85	104	
		ouvrant à 1 ou 2 ventaux en	bâtis de 034m à 041m	sans dormant	sapin.	»	20	3	20	3	40	105	
					chêne et sapin.	»	30	3	90	4	20	106	
					chêne.	»	30	4	70	5	»	107	
				avec dormant	sapin.	»	25	3	45	3	70	108	
					chêne et sapin.	»	40	5	»	5	40	109	
					chêne.	»	40	5	80	6	20	110	
		brisés en 4 feuilles en	bâtis de 034m à 041m	avec ou sans dormant	sapin.	»	30	4	70	5	»	111	
					chêne et sapin.	»	40	5	60	6	»	112	
					chêne.	»	40	7	10	7	50	113	

OBSERVATIONS ET MODE DE MESURAGE

DES PERSIENNES & PORTES-PERSIENNES.

1° Les persiennes et portes-persiennes seront mesurées au mètre superficiel.

2° Les portes persiennes seront payées le même prix que les persiennes (sans distinction de panneaux.

Cintre en élévation.

3° Les persiennes et portes-persiennes cintrées en archivoltes en élévation se mesureront comme si elles étaient carrées, et on doublera la hauteur de la partie cintrée pour plus-value.

4° Les persiennes et portes-persiennes qui seront cintrées d'une portion de cercle jusqu'à $0^m 25$ de flèche, on ajoutera toujours à la hauteur réelle $0^m 25$; au-dessus de cette flèche on doublera la hauteur de la partie cintrée.

5° Les persiennes et portes-persiennes qui formeront des cintres surbaissés ou demi-ellipse seront d'abord mesurées au carré, et, de plus, la hauteur de la partie cintrée sera comptée 1 fois 1/2 en plus pour plus-value.

N°s DES ARTICLES	DÉSIGNATION DES TRAVAUX.	LE MÈTRE SUPERFICIEL POUR				N°s des PRIX.	OBSERVATIONS
		REFENTE des BATIS.	FAÇON.	POSE.	REFENTE, FAÇON ET POSE.		

CHAPITRE VIII.

—

BOISERIES OU LAMBRIS D'ASSEMBLAGES.

—

1ʳᵉ Section.

Boiseries d'assemblage à glace, avec ou sans dormant et avec ou sans plate-bande, ayant un ou deux panneaux,

Par mètre superficiel.

N°	Désignation			Refente batis	Façon	Pose	Ref. façon pose	N° prix
20 EN BATIS de 027ᵐ à 034ᵐ	1 parement, le derrière brut.	sapin.		» 15	1 35	» 30	1 80	114
		chêne et sapin.		» 25	1 60	» 50	2 35	115
		chêne.		» 25	2 05	» 50	2 80	116
	2 parements blanchis.	sapin.		» 15	1 60	» 30	2 05	117
		chêne et sapin.		» 25	1 95	» 50	2 70	118
		chêne.		» 25	2 55	» 50	3 30	119
21 EN BATIS DE 041ᵐ	1 parement le derrière brut	sapin.		» 20	1 45	» 35	2 »	120
		chêne et sapin.		» 30	1 80	» 60	2 70	121
		chêne.		» 30	2 30	» 60	3 20	122
	2 parements blanchis.	sapin.		» 20	1 70	» 35	2 25	123
		chêne et sapin.		» 30	2 30	» 65	3 25	124
		chêne.		» 30	2 95	» 65	3 90	125

N°s DES ARTICLES.	DÉSIGNATION DES TRAVAUX.			LE MÈTRE SUPERFICIEL POUR				N°s des PRIX.	OBSERVATIONS.
				REFENTE des BATIS.	FAÇON.	POSE.	REFENTE, FAÇON ET POSE.		
22	EN BATIS de 048ᵐ à 054ᵐ	1 parement, le derrière brut.	sapin.....	» 25	1 85	» 40	2 50	126	
			chêne et sapin.	» 35	2 30	» 65	3 30	127	
			chêne.....	» 35	2 90	» 65	3 90	128	
		2 parements blanchis.	sapin.....	» 25	2 35	» 40	3 »	129	
			chêne et sapin.	» 35	2 80	» 65	3 80	130	
			chêne.....	» 35	3 40	» 65	4 40	131	

2ᵐᵉ Section.

Boiseries d'assemblages à panneaux et à recouvrements d'un côté, à petit cadre de l'autre, ou arasé avec ou sans plates-bandes et avec ou sans dormants, ayant au moins deux panneaux,

Par mètre superficiel.

23	EN BATIS de 027ᵐ à 034ᵐ	1 parement, le derrière brut.	sapin.....	» 15	1 70	» 35	2 20	132	
			chêne et sapin.	» 25	1 95	» 60	2 80	133	
			chêne.....	» 25	2 35	» 60	3 20	134	
		2 parements blanchis.	sapin.....	» 15	2 15	» 35	2 65	135	
			chêne et sapin.	» 25	2 65	» 60	3 50	136	
			chêne.....	» 25	3 35	» 60	4 20	137	

N°s DES ARTICLES.	DÉSIGNATION DES TRAVAUX.			LE MÈTRE SUPERFICIEL POUR				N°s des PRIX.	OBSERVATIONS
				REFENTE des BATIS.	FAÇON.	POSE.	REFENTE, FAÇON ET POSE.		
24	BATIS DE 041m	1 parement, le derrière brut.	sapin.....	» 20	1 85	» 40	2 45	138	
			chêne et sapin.	» 30	2 15	» 65	3 10	139	
			chêne.....	» 30	2 65	» 65	3 60	140	
		2 parements blanchis.	sapin.....	» 20	2 15	» 45	2 80	141	
			chêne et sapin.	» 30	2 85	» 65	3 80	142	
			chêne.....	» 30	3 80	» 65	4 75	143	
25	BATIS de 048m à 054m	1 parement, le derrière brut.	sapin.....	» 25	2 05	» 50	2 80	144	
			chêne et sapin.	» 35	2 65	» 70	3 70	145	
			chêne.....	» 35	3 35	» 70	4 40	146	
		2 parements blanchis.	sapin.....	» 25	2 45	» 50	3 20	147	
			chêne et sapin.	» 35	3 60	» 75	4 70	148	
			chêne.....	» 35	4 90	» 75	6 »	149	

3me Section.

Boiseries à petit cadre, profil de 015m à 030m de largeur, avec ou sans dormant et avec ou sans plates-bandes, ayant de 1 à 2 panneaux,

Par mètre superficiel.

26	BATIS de 027m à 034m	1 parement, le derrière brut.	sapin....	» 15	1 70	» 35	2 20	150	
			chêne et sapin.	» 25	1 95	» 60	2 80	151	
			chêne.....	» 25	2 40	» 60	3 25	152	
		2 parements	sapin.....	» 15	1 95	» 35	2 45	153	
			chêne et sapin.	» 25	2 95	» 60	3 80	154	
			chêne.....	» 25	3 25	» 60	4 10	155	

Nos DES ARTICLES.	DÉSIGNATION DES TRAVAUX.			LE MÈTRE SUPERFICIEL POUR				Nos des PRIX.	OBSERVATIONS
				REFENTE des BATIS.	FAÇON.	POSE.	REFENTE, FAÇON ET POSE.		
27	BATIS DE 041ᵐ	1 parement, le derrière brut.	sapin.	» 20	1 85	» 35	2 40	156	
			chêne et sapin.	» 30	2 05	» 65	3 »	157	
			chêne.	» 30	2 50	» 65	3 45	158	
		2 parements	sapin.	» 20	1 95	» 40	2 55	159	
			chêne et sapin.	» 30	3 10	» 65	4 05	160	
			chêne.	» 30	3 35	» 65	4 30	161	
28	BATIS de 048ᵐ à 054ᵐ	1 parement, le derrière brut.	sapin.	» 25	2 25	» 50	3 »	162	
			chêne et sapin.	» 35	2 75	» 70	3 80	163	
			chêne.	» 35	3 35	» 70	4 40	164	
		2 parements	sapin.	» 25	2 45	» 55	3 25	165	
			chêne et sapin.	» 35	3 85	» 70	4 90	166	
			chêne.	» 35	4 15	» 70	5 20	167	

Boiseries à petits cadres,

profil de 035ᵐ à 050ᵐ, etc., etc.

Nos DES ARTICLES.	DÉSIGNATION DES TRAVAUX.			REFENTE des BATIS.	FAÇON.	POSE.	REFENTE, FAÇON ET POSE.	Nos des PRIX.	OBSERVATIONS
29	BATIS de 027ᵐ à 034ᵐ	1 parement, le derrière brut.	sapin.	» 15	2 05	» 35	2 55	168	
			chêne et sapin.	» 25	3 05	» 60	3 90	169	
			chêne.	» 25	3 65	» 60	4 50	170	
		2 parements	sapin.	» 15	2 25	» 35	2 75	171	
			chêne et sapin.	» 25	4 25	» 60	5 10	172	
			chêne.	» 25	4 65	» 60	5 50	173	

N°s DES ARTICLES	DÉSIGNATION DES TRAVAUX.			LE MÈTRE SUPERFICIEL POUR				N°s des PRIX.	OBSERVATIONS
				REFENTE des BATIS.	FAÇON.	POSE.	REFENTE, FAÇON ET POSE.		
30	BATIS DE 0.41m	1 parement, le derrière brut.	sapin	» 20	2 10	» 35	2 65	174	
			chêne et sapin	» 30	2 75	» 65	3 70	175	
			chêne	» 30	3 75	» 65	4 70	176	
		2 parements	sapin	» 20	2 25	» 40	2 85	177	
			chêne et sapin	» 30	3 35	» 65	4 30	178	
			chêne	» 30	4 75	» 65	5 70	179	
31	BATIS de 0.48m à 0.54m	1 parement, le derrière brut.	sapin	» 25	2 55	» 50	3 30	180	
			chêne et sapin	» 35	3 55	» 70	4 60	181	
			chêne	» 35	4 65	» 70	5 70	182	
		2 parements	sapin	» 25	2 90	» 55	3 70	183	
			chêne et sapin	» 35	4 25	» 70	5 30	184	
			chêne	» 35	5 85	» 70	6 90	185	

Boiseries à petits cadres,

profil de 0.52m à 0.65m de largeur, etc.

N°s DES ARTICLES	DÉSIGNATION DES TRAVAUX.			REFENTE des BATIS.	FAÇON.	POSE.	REFENTE, FAÇON ET POSE.	N°s des PRIX.	OBSERVATIONS
32	BATIS de 0.27m à 0.34m	1 parement, le derrière brut.	sapin	» 15	2 20	» 35	2 70	186	
			chêne et sapin	» 25	3 35	» 60	4 20	187	
			chêne	» 25	4 65	» 60	5 50	188	
		2 parements	sapin	» 15	1 40	» 35	2 90	189	
			chêne et sapin	» 25	3 95	» 60	4 80	190	
			chêne	» 25	5 65	» 60	6 50	191	

N°ˢ DES ARTICLES.	DÉSIGNATION DES TRAVAUX.			LE MÈTRE SUPERFICIEL POUR				N°ˢ des PRIX.	Observations
				REFENTE des BATIS.	FAÇON.	POSE.	REFENTE, FAÇON ET POSE.		
33	BATIS DE 0ᵐ44	1 parement, le derrière brut.	sapin.	» 20	2 20	» 40	2 80	192	
			chêne et sapin.	» 30	3 50	» 70	4 50	193	
			chêne.	» 30	5 »	» 70	6 »	194	
		2 parements blanchis.	sapin.	» 20	2 40	» 40	3 »	195	
			chêne et sapin.	» 30	4 10	» 70	5 10	196	
			chêne.	» 30	6 »	» 70	7 »	197	
34	BATIS de 0ᵐ48 à 0ᵐ54	1 parement, le derrière brut.	sapin.	» 25	2 65	» 50	3 40	198	
			chêne et sapin.	» 35	4 »	» 75	5 10	199	
			chêne.	» 35	5 65	» 75	6 75	200	
		2 parements blanchis.	sapin.	» 25	3 »	» 55	3 80	201	
			chêne et sapin.	» 35	4 90	» 75	6 »	202	
			chêne.	» 35	6 90	» 75	8 »	203	

NOTA.

Lorsque les boiseries d'assemblages de cette Section seront avec moulures refouillées derrière, et formeront tarabiscots, gorges, etc. suivant le profil ci-contre, les prix ci-dessus seront augmentés, pour chaque parement mouluré,

	en sapin.			»	»	»	» 75	204	
	chêne.			»	»	»	1 10	205	

Nos DES ARTICLES	DÉSIGNATION DES TRAVAUX.				LE MÈTRE SUPERFICIEL POUR				Nos des PRIX.	OBSERVATIONS
					REFENTE des BATIS.	FAÇON.	POSE.	REFENTE, FAÇON ET POSE.		

4ᵐᵉ Section.

Boiseries d'assemblages à grands cadres embrevés, profil de 041ᵐ à 054ᵐ, avec ou sans dormant et avec ou sans plates-bandes, de 1 à 2 panneaux,

Par mètre superficiel.

Nos DES ARTICLES	DÉSIGNATION DES TRAVAUX.			Bois	REFENTE des BATIS.	FAÇON.	POSE.	REFENTE, FAÇON ET POSE.	Nos des PRIX.
		1 parement le derrière	brut.	sapin. . . .	» 25	2 45	» 40	3 10	206
				chêne et sapin.	» 45	3 25	» 65	4 35	207
				chêne. . . .	» 45	3 70	» 65	4 80	208
35	BATIS DE 027ᵐ à 034ᵐ	1 parement le derrière	à glace ou à petits cadres	sapin. . . .	» 25	2 85	» 40	3 50	209
				chêne et sapin.	» 45	4 65	» 65	5 75	210
				chêne. . . .	» 45	5 40	» 65	6 50	211
		2 parements grands cadres.		sapin. . . .	» 25	3 05	» 40	3 70	212
				chêne et sapin.	» 50	5 40	» 65	6 55	213
				chêne. . . .	» 50	6 35	» 65	7 50	214
36	BATIS de 041ᵐ	1 parement le derrière	brut.	sapin. . . .	» 30	2 55	» 40	3 25	215
				chêne et sapin.	» 55	3 30	» 75	4 60	216
				chêne. . . .	» 55	3 80	» 75	5 10	217

Nᵒˢ DES ARTICLES.	DÉSIGNATION DES TRAVAUX.			LE MÈTRE SUPERFICIEL POUR				Nᵒˢ des PRIX.	Observations.
				REFENTE des BATIS.	FAÇON.	POSE.	REFENTE, FAÇON ET POSE.		
37	BATIS de 041ᵐ	1 parement le derrière { à glace ou à petits cadres {	sapin.	» 30	2 90	» 45	3 65	218	
			chêne et sapin.	» 55	5 05	» 75	6 35	219	
			chêne.	» 55	5 95	» 75	7 25	220	
		2 parements grands cadres. {	sapin.	» 35	3 »	» 50	3 85	221	
			chêne et sapin.	» 60	6 »	» 75	7 35	222	
			chêne.	» 60	7 15	» 75	8 50	223	
38	BATIS DE 048ᵐ à 054ᵐ	1 parement le derrière { brut. {	sapin.	» 35	3 05	» 50	3 90	224	
			chêne et sapin.	» 60	3 85	» 80	5 25	225	
			chêne.	» 60	4 35	» 80	5 75	226	
		à glace ou à petits cadres {	sapin.	» 35	3 40	» 55	4 30	227	
			chêne et sapin.	» 60	5 65	» 80	7 05	228	
			chêne.	» 60	6 60	» 80	8 »	229	
		2 parements grands cadres. {	sapin.	» 40	3 70	» 55	4 65	230	
			chêne et sapin.	» 65	5 90	» 80	7 35	231	
			chêne. . . .	» 65	7 55	» 80	9 »	232	

NOTA.

Lorsque les boiseries d'assemblages à grands cadres seront avec moulures refouillées derrière et formeront tarabiscots, gorges, etc. suivant la figure ci-contre, les prix ci-dessus seront augmentés pour chaque parement mouluré,

en {	sapin.	»	»	»	1 »	233	
	chêne.	»	»	»	1 50	234	

Nᵒˢ DES ARTICLES.	DÉSIGNATION DES TRAVAUX.				LE MÈTRE SUPERFICIEL POUR				Nᵒˢ des PRIX.	Observations
					REFENTE des BATIS.	FAÇON.	POSE.	REFENTE, FAÇON ET POSE.		
	Boiserles d'assemblages à grands cadres embrevés, profil de 057ᵐ à 065ᵐ, etc.									
			brut.	sapin.	» 25	3 10	» 40	3 75	235	
				chêne et sapin.	» 45	3 55	» 70	4 70	236	
		1 parement le derrière		chêne.	» 45	3 85	» 70	5 »	237	
39	BATIS de 034ᵐ		à glace ou à petits cadres	sapin.	» 25	3 55	» 45	4 25	238	
				chêne et sapin.	» 45	5 55	» 70	6 70	239	
				chêne.	» 45	6 35	» 70	7 50	240	
		2 parements grands cadres.		sapin.	» 30	3 80	» 45	4 55	241	
				chêne et sapin.	» 50	6 75	» 70	7 95	242	
				chêne.	» 50	7 80	» 70	9 »	243	
			brut.	sapin.	» 30	3 20	» 50	4 »	244	
				chêne et sapin.	» 55	3 80	» 75	5 10	245	
		1 parement le derrière		chêne.	» 55	4 20	» 75	5 50	246	
40	BATIS ne 044ᵐ		à glace ou à petits cadres	sapin.	» 30	3 55	» 55	4 40	247	
				chêne et sapin.	» 55	6 10	» 75	7 40	248	
				chêne.	» 55	6 70	» 75	8 »	249	
		2 parements grands cadres.		sapin.	» 35	3 85	» 55	4 75	250	
				chêne et sapin.	» 60	6 95	» 75	8 30	251	
				chêne.	» 60	8 15	» 75	9 50	252	

N°s DES ARTICLES.	DÉSIGNATION DES TRAVAUX.	LE MÈTRE SUPERFICIEL POUR				N°s des PRIX.	Observations.
		REFENTE des BATIS.	FAÇON.	POSE.	REFENTE, FAÇON ET POSE.		
41	BATIS DE 047ᵐ à 054ᵐ						
	1 parement le derrière — brut. {sapin. . . .	» 35	3 75	» 60	4 70	253	
	chêne et sapin.	» 60	4 60	» 85	6 05	254	
	chêne.	» 60	5 05	» 85	6 50	255	
	à glace ou à petits cadres {sapin. . . .	» 35	4 10	» 65	5 10	256	
	chêne et sapin.	» 60	6 55	» 85	8 »	257	
	chêne.	» 60	7 55	» 85	9 »	258	
	2 parements grands cadres. {sapin. . . .	» 40	4 55	» 65	5 60	259	
	chêne et sapin.	» 65	7 70	» 90	9 25	260	
	chêne.	» 65	8 95	» 90	10 50	261	

NOTA.

Lorsque les boiseries d'assemblages à grands cadres seront avec moulures refouillées, formant tarabiscots, gorges, etc. et suivant la figure ci-contre, les prix ci-dessus seront augmentés, pour chaque parement mouluré,

	en {sapin.	»	»	»	1 15	262	
	chêne.	»	»	»	1 75	263	

Boiseries d'assemblages à grands cadres embrevés, profil de 068ᵐ à 080ᵐ, etc.

Nᵒˢ des articles	DÉSIGNATION DES TRAVAUX.				LE MÈTRE SUPERFICIEL POUR				Nᵒˢ des PRIX.	Observations.
					REFENTE des BATIS.	FAÇON.	POSE.	REFENTE, FAÇON ET POSE.		
42	BATIS de 034ᵐ	1 parement le derrière	brut.	sapin. . . .	» 25	3 65	» 60	4 50	264	
				chêne et sapin.	» 45	5 05	» 80	6 30	265	
				chêne. . . .	» 45	5 75	» 80	7 »	266	
			à glace ou à petits cadres	sapin. . . .	» 25	4 »	» 65	4 90	267	
				chêne et sapin.	» 45	6 80	» 90	8 15	268	
				chêne. . . .	» 45	7 90	» 90	9 25	269	
		2 parements grands cadres.		sapin. . . .	» 30	5 05	» 65	6 »	270	
				chêne et sapin.	» 50	8 50	» 90	9 90	271	
				chêne. . . .	» 50	9 60	» 90	11 »	272	
43	BATIS de 041ᵐ	1 parement le derrière	brut.	sapin. . . .	» 30	3 80	» 65	4 75	273	
				chêne et sapin.	» 55	5 15	» 90	6 60	274	
				chêne. . . .	» 55	5 80	» 90	7 25	275	
			à glace ou à petits cadres	sapin. . . .	» 30	4 20	» 70	5 20	276	
				chêne et sapin.	» 55	7 25	1 »	8 80	277	
				chêne. . . .	» 55	8 45	1 »	10 »	278	
		2 parements grands cadres.		sapin. . . .	» 35	5 70	» 70	6 75	279	
				chêne et sapin.	» 60	9 15	1 »	10 75	280	
				chêne. . . .	» 60	10 40	1 »	12 »	281	
44	BATIS DE 048ᵐ à 054ᵐ	1 parement le derrière	brut.	sapin. . . .	» 35	3 94	» 71	5 »	282	
				chêne et sapin.	» 60	6 »	1 »	7 60	283	
				chêne. . . .	» 60	6 90	1 »	8 50	284	

N^{os} DES ARTICLES.	DÉSIGNATION DES TRAVAUX.	LE MÈTRE SUPERFICIEL POUR					N^{os} des PRIX.	Observations
		REFENTE des BATIS.	FAÇON.	POSE.	REFENTE, FAÇON ET POSE.			
45	BATIS DE 048^m à 054^m — 1 parement le derrière — à glace ou à petits cadres — sapin. . . .	» 35	4 40	» 75		5 50	285	
	chêne et sapin.	» 60	7 55	1 10		9 25	286	
	chêne. . . .	» 60	8 80	1 10		10 50	287	
	2 parements grands cadres. — sapin. . . .	» 40	6 35	» 75		7 50	288	
	chêne et sapin.	» 65	10 25	1 10		12 »	289	
	chêne. . . .	» 65	12 75	1 10		14 50	290	

NOTA. Lorsque les boiseries d'assemblages à grands cadres seront avec moulures refouillées derrière et formeront tarabiscots, gorges, etc. suivant la figure ci-contre, les prix ci-dessus seront augmentés, pour cha-que parement mouluré,

en — sapin. . . . . » » » 1 25 291
en — chêne. . . . . » » » 2 » 292

OBSERVATIONS & MODE DE MESURAGE DES BOISERIES D'ASSEMBLAGES.

1º Toutes les boiseries d'assemblages seront mesurées et comptées au mètre superficiel d'après leur nature et façon, suivant les prix alloués ci-dessus.

2º Tous les dormants ou cadres seront mesurés avec la boiserie d'assemblage.

3º Les parties rampantes ou triangulaires se mesureront toujours aux 7/10es de leur hauteur ou largeur pour mesures réduites.

4º Les lambris d'appui ou de toute hauteur, les plinthes et cimaises ne seront pas détachées, et les mesures seront prises au milieu de la hauteur de la corniche.

5º Seront comptés séparément des boiseries d'assemblages prévues dans les tableaux ci-dessus et pour plus-value les ouvrages de décorations, tels que coins ronds, traverses cintrées, quart de rond de plates-bandes, panneaux à pointe de diamant, moulures élégies sur les rives des plates-bandes, etc. (Pour les prix de ces plus-values voir chapitre 9me.)

6º Tous les panneaux en plus de ceux prévus dans les tableaux ci-dessus seront comptés séparément quand la moyenne des panneaux de l'ensemble des travaux excédera ceux prévus.

7º Toutes les moulures rapportées sur les boiseries, telles que chambranles, contre-chambranles, pilastres, baguettes, etc. seront comptées séparément et payées d'après leur nature d'ouvrage, suivant les prix alloués chapitre 18.

8º Les parties cintrées se compteront comme il est dit aux observations des châssis et portes vitrées, chapitre 3 du tarif.

9º Les vides dans les trumeaux de cheminées renfermant les glaces au-dessous de 0^m 50 de surface ne seront pas déduits, ceux au-dessus seront déduits.

10º Pour les portes palières, les panneaux à jour au-dessous de 0^m 50 de surface ne seront pas déduits, comme il est dit précédemment.

11º Les portes de devanture et fermeture de magasin, ainsi que les portes palières ou de vestibule et autres qui auront des plinthes et socles, seront aussi comptées séparément.

Nᵒˢ DES ARTICLES.	DÉSIGNATION DES TRAVAUX.	LA PIÈCE EN		Nᵒˢ des PRIX.	OBSERVATIONS.
		SAPIN.	CHÊNE OU NOYER.		

CHAPITRE IX.

PLUS VALUES POUR TRAVAUX EN PLUS DE CEUX PRÉVUS EXÉCUTÉS SUR LES PARTIES VITRÉES ET BOISERIES D'ASSEMBLAGES.

1ʳᵉ Section.

Sur parties vitrées.

Nᵒ	Désignation	Dimensions	SAPIN	CHÊNE OU NOYER	Nᵒˢ PRIX
46	COINS RONDS, tournés, incrustés, collés sur châssis et croisées, en bois des épaisseurs (La pièce.)	de 027ᵐ à 041ᵐ d'épaisseur — de 05ᶜ à 08ᶜ de rayon.	» 20	» 30	293
		de 09ᶜ à 12ᶜ id. . .	» 25	» 35	294
		de 15ᶜ à 20ᶜ id. . .	» 40	» 50	295
		de 25ᶜ à 30ᶜ id. . .	» 65	» 75	296
		de 048ᵐ à 054ᵐ d'épaisseur — de 05ᶜ à 08ᶜ id. . .	» 30	» 40	297
		de 09ᶜ à 12ᶜ id. . .	» 40	» 55	298
		de 15ᶜ à 20ᶜ id. . .	» 55	» 70	299
		de 25ᶜ à 30ᶜ id. . .	» 75	» 90	300

Nᵒˢ DES ARTICLES.	DÉSIGNATION DES TRAVAUX.		LA PIÈCE EN		Nᵒˢ des PRIX.	OBSERVATIONS.
			SAPIN.	CHÊNE OU NOYER.		

Nᵒˢ DES ARTICLES.	DÉSIGNATION DES TRAVAUX.			SAPIN.	CHÊNE OU NOYER.	Nᵒˢ des PRIX.	OBSERVATIONS.
	2ᵐᵉ Section.						
	Sur boiseries d'assemblages pour 1 parement mouluré.						
47	COINS RONDS, incrustés et collés dans les angles et retours de portes et boiseries pour un parement mouluré (La pièce.)	de 010ᵐ à 030ᵐ de profil.	de 05ᵉ à 08ᵉ de rayon.	» 15	» 25	301	
			de 09ᵉ à 12ᵉ id. . .	» 20	» 30	302	
			de 15ᵉ à 20ᵉ id. . .	» 35	» 40	303	
			de 25ᵉ à 30ᵉ id. . .	» 50	» 60	304	
		de 035ᵐ à 055ᵐ de profil, et	de 09ᵉ à 12ᵉ de rayon.	» 30	» 45	305	
			de 15ᵉ à 20ᵉ id. . .	» 45	» 60	306	
			de 25ᵉ à 30ᵉ id. . .	» 60	» 75	307	
		de 060ᵐ à 080ᵐ de profil.	de 10ᵉ à 13ᵉ de rayon.	» 50	» 65	308	
			de 15ᵉ à 20ᵉ id. . .	» 65	» 80	309	
			de 25ᵉ à 30ᵉ id. . .	» 80	» 95	310	
	3ᵐᵉ Section.						
	Plus-value pour chaque panneau en plus de ceux prévus sur les boiseries d'assemblages.						
48	PANNEAUX en plus pour façon d'assemblages et moulures,	boiseries à petits cadres à 1 parement d'un profil de	050ᵐ	» 25	» 40	311	
			055ᵐ à 080ᵐ	» 40	» 60	312	
		boiseries à petits cadres à 2 parements d'un profil de	050ᵐ	» 40	» 60	313	
			055ᵐ à 080ᵐ	» 60	» 85	314	

Nos DES ARTICLES.	DÉSIGNATION DES TRAVAUX.	LA PIÈCE EN		Nos des PRIX.	OBSERVATIONS.
		SAPIN.	CHÊNE OU NOYER.		
49	PANNEAUX *id.* rainures, languettes d'embrèvement et plates-bandes au besoin. (La pièce.) — boiseries à grands cadres embrevés à 1 parement d'un profil de {040m à 055m	» 60	» 85	315	
	{060m à 080m	» 80	1 15	316	
	boiseries à grands cadres embrevés à 2 parements d'un profil de {040m à 055m	1 »	1 50	317	
	{060m à 080m	1 50	2 25	318	

4me Section.

Plus-value pour chaque angle de plates-bandes élégi et cintré droit ou à pans sur les boiseries d'assemblages.

		SAPIN.	CHÊNE.		
	Pour façon seulement desdits { de 05ᵉ à 10ᵉ de rayon.	» 10	» 15	319	
	{ de 15ᵉ à 20ᵉ *id.* . .	» 15	» 25	320	
	{ de 21ᵉ à 25ᵉ *id.* . .	» 20	» 35	321	

Plus-value pour moulures élégies sur les plates-bandes des boiseries d'assemblages pour 1 profil de 010m à 020m.

Le mètre linéaire

		SAPIN.	CHÊNE.		
	Le mètre linéaire. . . { celles droites. . .	» 15	» 25	322	
	{ celles circulaires.	1 »	1 50	323	

5me Section.

Le mètre superficiel

Plus-value pour panneaux élégis à pointes de diamant. . . . .

		SAPIN.	CHÊNE.		
		2 »	3 »	324	

NOTA.

Les prix alloués pour ces panneaux sont pour les surfaces seulement élégies, et non pour la totalité des boiseries.

Nos DES ARTICLES.	DÉSIGNATION DES TRAVAUX.	LE MÈTRE SUPERFICIEL POUR			Nos des PRIX.	OBSERVATIONS.
		REFENTE.	FAÇON.	REFENTE ET FAÇON.		

CHAPITRE X.

PORTES CHARRETIÈRES ET DE MAGASINS.

1re Section.

Portes charretières ou de magasins avec écharpes derrière.

Nos DES ARTICLES.	DÉSIGNATION DES TRAVAUX.	REFENTE.	FAÇON.	REFENTE ET FAÇON.	Nos des PRIX.
	PORTES charretières ou de magasins avec ou sans guichets panneau en lames embrevé et mouluré sur les joints, ouvrant à 1 ou 2 vantaux (Le mètre superficiel.)				
	bâtis de 054m jusqu'à 13c de largeur. { panneau de { sapin. . . . 027m à 034m d'épaisseur. { chêne et sapin. { chêne. . . .	» 35 » 50 » 55	1 90 3 » 3 95	2 25 3 50 4 50	325 326 327
50	bâtis de 061m jusqu'à 16c de largeur. { panneau de { sapin. . . . 034m à 041m d'épaisseur. { chêne et sapin. { chêne. . . .	» 40 » 50 » 60	2 60 3 75 4 70	3 » 4 25 5 30	328 329 330
	bâtis de 080m jusqu'à 20c de largeur. { panneau de { sapin. . . . 034m à 041m d'épaisseur. { chêne et sapin. { chêne. . . .	» 50 » 65 » 80	3 50 4 35 5 20	4 » 5 » 6 »	331 332 333

OBSERVATIONS & MODE DE MESURAGE.

Les portes charretières ou de magasins seront mesurées et comptées comme les boiseries d'assemblages; seulement, les bâtis dormants des portes charretières ou de magasins seront comptés séparément pour leur nature de bois et façon, et payés suivant les prix alloués chapitre 14.

Nos DES ARTICLES.	DÉSIGNATION DES TRAVAUX.			LE MÈTRE SUPERFICIEL, POUR REFENTE ET FAÇON.		Nos des PRIX.	OBSERVATIONS.
	CHAPITRE XI.						
	PORTES DOUBLÉES ET PIQUÉES DE CLOUS.						
	Au mètre superficiel.						
	NOTA. — Les bâtis d'encadrement des portes seront payés séparément.						
51	EN PLANCHES de toute longueur.	les 2 parties ensemble 040ᵐ d'épaisseur.	sapin. . . .	1	80	334	
			chêne et sapin.	2	75	335	
			chêne. . . .	3	50	336	
		les 2 parties ensemble 054ᵐ d'épaisseur.	sapin. . . .	2	25	337	
			chêne et sapin.	3	25	338	
			chêne. . . .	4	»	339	
52	EN FRISES moulurées sur 1 parement.	pour celles de 040ᵐ d'épaisseur	sapin. . . .	2	25	340	
			chêne et sapin.	3	15	341	
			chêne. . . .	4	10	342	
		de 054ᵐ d'épaisseur	sapin. . . .	2	50	343	
			chêne et sapin.	3	50	344	
			chêne. . . .	4	50	345	
53	EN FRISES moulurées à 2 parements.	pour celles de 040ᵐ d'épaisseur	sapin. . . .	2	50	346	
			chêne et sapin.	3	35	347	
			chêne. . . .	4	40	348	
		de 054ᵐ d'épaisseur	sapin. . . .	2	75	349	
			chêne et sapin.	3	75	350	
			chêne. . . .	4	75	351	

Nᵒˢ DES ARTICLES.	DÉSIGNATION DES TRAVAUX.	LE MÈTRE LINÉAIRE POUR			Nᵒˢ des PRIX.	OBSERVATIONS.
		POSE.	FAÇON.	FAÇON ET POSE.		

CHAPITRE XII.

BATIS EN BOIS BRUT.

Nᵒˢ DES ARTICLES.	DÉSIGNATION DES TRAVAUX.			POSE.	FAÇON.	FAÇON ET POSE.	Nᵒˢ des PRIX.
54	BATIS en bois brut assemblés à tenons et mortaises de 08ᶜ à 11ᶜ de largeur en bois des épaisseurs	de 027ᵐ à 034ᵐ en	sapin. . . .	» 08	» 04	» 12	352
			chêne. . . .	» 10	» 15	» 25	353
		de 041ᵐ à 054ᵐ en	sapin. . . .	» 10	» 05	» 15	354
			chêne. . . .	» 12	» 18	» 30	355
		de 061ᵐ à 08ᶜ en	sapin. . . .	» 12	» 08	» 20	356
			chêne. . . .	» 15	» 25	» 40	357
		de 09ᶜ à 11ᶜ en	sapin. . . .	» 15	» 10	» 25	358
			chêne. . . .	» 20	» 30	» 50	359

OBSERVATIONS ET MODE DE MESURAGE.

1º Les bâtis bruts seront mesurés dans toute leur hauteur, et tous les tenons des traverses ou autres seront aussi comptés, ou bien il sera alloué pour les 2 tenons 0ᵐ 15ᶜ, ou pour un seul tenon 0ᵐ 08ᶜ.

2º Tous les assemblages en plus d'un par mètre linéaire seront comptés séparément ; ceux en moins ne seront pas déduits.

Nos DES ARTICLES	DÉSIGNATION DES TRAVAUX.	LE MÈTRE LINÉAIRE POUR				Nos des PRIX.	Observations.
		REFENTE.	FAÇON.	POSE.	REFENTE, FAÇON ET POSE.		

CHAPITRE XIII.

___

ESSELIERS ORDINAIRES, BLANCHIS ET CORROYÉS,
A 3 OU 4 PAREMENTS,
ET ASSEMBLÉS A TENONS ET MORTAISES,

Au mètre linéaire (compris rainures pour les briques).

Nos DES ARTICLES	DÉSIGNATION DES TRAVAUX.	REFENTE.	FAÇON.	POSE.	REFENTE, FAÇON ET POSE.	Nos des PRIX.	Observations.
	054m d'épaisseur jusqu'à 13c de largeur. { sapin.	»	» 15	» 10	» 25	360	
	{ chêne.	» 06	» 24	» 15	» 45	361	
	07c à 16c { sapin	»	» 18	» 12	» 30	362	
55	UNIS ou lisses, en bois des épaisseurs de { chêne.	» 07	» 38	» 20	» 65	363	
	09c d'épaisseur jusqu'à 10c de largeur. { sapin.	»	» 20	» 12	» 32	364	
	{ chêne.	» 10	» 38	» 22	» 70	365	
	11c d'épaisseur jusqu'à 15c de largeur. { sapin.	»	» 30	» 20	» 50	366	
	{ chêne.	» 12	» 48	» 25	» 85	367	
	054m d'épaisseur jusqu'à 12c de largeur. { sapin.	»	» 20	» 10	» 30	368	
	{ chêne.	» 06	» 34	» 15	» 55	369	
	07c d'épaisseur jusqu'à 16c de largeur. { sapin.	»	» 25	» 12	» 37	370	
56	UNIS ou lisses, mais à feuillures, en bois des épaisseurs de { chêne.	» 07	» 53	» 20	» 80	371	
	09c d'épaisseur jusqu'à 12c de largeur. { sapin.	»	» 28	» 12	» 40	372	
	{ chêne.	» 10	» 53	» 22	» 85	373	
	11c d'épaisseur jusqu'à 15c de largeur. { sapin.	»	» 45	» 20	» 65	374	
	{ chêne.	» 12	» 68	» 25	1 05	375	

OBSERVATIONS ET MODE DE MESURAGE

1° Les esseliers seront mesurés dans toute leur hauteur, et tous les tenons des traverses ou autres seront aussi comptés; ou bien il sera alloué pour les deux tenons 0^m 15^c, ou pour un seul 0^m 08^c.

2° Tous les assemblages en plus d'un par mètre linéaire seront comptés séparément; ceux en moins ne seront pas déduits.

3° Les esseliers débillardés et cintrés sur les deux rives, seront payés le double des prix ci-dessus.

N°s DES ARTICLES.	DÉSIGNATION DES TRAVAUX.			LE MÈTRE LINÉAIRE POUR				N°s des PRIX.	Observations.
				REFENTE.	FAÇON.	POSE.	REFENTE, FAÇON ET POSE.		

CHAPITRE XIV.

**BATIS OU CADRES DORMANTS,
CONTRE-CHAMBRANLES ET CONTRE-PILASTRES
ISOLÉS, BLANCHIS ET CORROYÉS,
A 3 OU 4 PAREMENTS,
ASSEMBLÉS A TENONS ET MORTAISES OU D'ONGLET,
AVEC RAINURES OU FEUILLURES.**

Au mètre linéaire.

1re Section.

N°s DES ARTICLES.	DÉSIGNATION DES TRAVAUX.			REFENTE.	FAÇON.	POSE.	REFENTE, FAÇON ET POSE.	N°s des PRIX.
57	Jusqu'à 07ᵉ de largeur en bois des épaisseurs de	034ᵐ à 041ᵐ d'épaisseur.	sapin.	» 02	» 10	» 10	» 22	376
			chêne.	» 05	» 23	» 12	» 40	377
		054ᵐ id.	sapin.	» 03	» 12	» 10	» 25	378
			chêne.	» 06	» 27	» 12	» 45	379
		061ᵐ id.	sapin.	» 04	» 13	» 10	» 27	380
			chêne.	» 07	» 30	» 15	» 52	381
		068ᵐ id.	sapin.	» 05	» 13	» 12	» 30	382
			chêne.	» 08	» 35	» 17	» 60	383
58	Au-dessus de 07ᵉ jusqu'à 11ᵉ de largeur en bois des épaisseurs de	031ᵐ à 041ᵐ id.	sapin.	» 02	» 16	» 10	» 28	384
			chêne.	» 05	» 37	» 12	» 54	385
		054ᵐ id.	sapin.	» 03	» 20	» 10	» 33	386
			chêne.	» 06	» 42	» 15	» 63	387
		061ᵐ id.	sapin.	» 04	» 23	» 10	» 37	388
			chêne.	» 07	» 48	» 17	» 72	389
		068ᵐ id.	sapin.	» 05	» 25	» 12	» 42	390
			chêne.	» 08	» 52	» 20	» 80	391
		080ᵐ id.	sapin.	» 06	» 34	» 20	» 60	392
			chêne.	» 10	» 55	» 25	» 90	393

Nos DES ARTICLES.	DÉSIGNATION DES TRAVAUX.	LE MÈTRE SUPERFICIEL POUR			Nos des PRIX.	OBSERVATIONS.
		FAÇON.	POSE.	POSE et FAÇON.		

2ᵐᵉ Section.

—

Bâtis ou cadres, etc. au-dessus de 11ᵉ de largeur,

Au mètre superficiel.

		034ᵐ à 041ᵐ	sapin.	1 90	» 85	2 75	394
			chêne. . . .	4 25	1 25	5 50	395
		048ᵐ à 054ᵐ	sapin.	2 25	1 »	3 25	396
			chêne.	5 »	1 50	6 50	397
59	BATIS, etc. au dessus de 11ᵉ de largeur, en bois des épaisseurs de	061ᵐ	sapin.	2 60	1 15	3 75	398
			chêne. . . .	5 75	1 75	7 50	399
		068ᵐ	sapin.	2 95	1 30	4 25	400
			chêne.	6 50	2 »	8 50	401
		080ᵐ	sapin.	3 35	1 40	4 75	402
			chêne. . . .	7 25	2 25	9 50	403

6

OBSERVATIONS ET MODE DE MESURAGE.

1° Les bâtis ou cadres dormants, contre-chambranles , contre-pilastres isolés seront mesurés et comptés au mètre linéaire jusqu'à 11ᶜ de largeur ; au-dessus de cette largeur ils seront payés au mètre superficiel.

2° Toutes les moulures droites poussées sur ces bâtis seront payées en plus, le mètre linéaire : .

				LE MÈTRE LINÉAIRE.
	jusqu'à 025ᵐ de profil en	sapin.	»	05
		chêne.	»	08
Pour celles	de 054ᵐ id.	sapin.	»	08
		chêne.	»	11
	de 070ᵐ id.	sapin.	»	10
		chêne.	»	15

3° Les tenons et assemblages seront comptés comme il est dit au chapitre 13 (*Esseliers*).

4° Les bâtis ou autres qui seront cintrés ou débillardés sur les deux rives seront payés le double des prix ci-dessus fixés.

Nos. DES ARTICLES.	DÉSIGNATION DES TRAVAUX.	LE MÈTRE SUPERFICIEL POUR			Nos des PRIX.	OBSERVATIONS.
		FAÇON.	POSE.	FAÇON ET POSE.		

CHAPITRE XV.

EMBRASURES, FOURRURES, CHAMPS, PLINTHES ET BANDEAUX, AU-DESSUS DE 10ᶜ DE LARGEUR,

Au mètre superficiel.

		FAÇON.	POSE.	FAÇON ET POSE.	Nos des PRIX.	
	Celles jusqu'à 15ᶜ de largeur en { sapin	1 »	1 »	2 »	404	
	{ chêne	2 »	1 50	3 50	405	
	Celles au-dessus de 15ᶜ jusqu'à 20ᶜ de largeur en { sapin	» 80	» 80	1 60	406	
	{ chêne	1 75	1 25	3 »	407	
	Celles au-dessus de 20ᶜ jusqu'à 30ᶜ de largeur en { sapin	» 65	» 60	1 25	408	
	{ chêne	1 50	1 »	2 50	409	
	Celles au-dessus de 30ᶜ en { sapin	» 60	» 50	1 10	410	
	{ chêne	1 25	» 75	2 »	411	

NOTA.

Le mètre linéaire pour

Les embrasures, fourrures, champs, plinthes, bandeaux au-dessus de 10ᶜ de largeur seront payés au mètre linéaire :

		FAÇON.	POSE.	FAÇON ET POSE.		
	Pour celles en { sapin	» 08	» 12	» 20	412	
	{ chêne	» 15	» 20	» 35	413	

OBSERVATIONS ET MODE DE MESURAGE

1° Les embrasures, fourrures, champs, bandeaux, plinthes, etc. au-dessus de 0m10c de largeur, seront mesurés et comptés au mètre superficiel.

2° Les mêmes ouvrages au-dessus de cette largeur seront mesurés et comptés au mètre linéaire.

3° Toutes les coupes simples d'onglet en plus d'une par mètre linéaire de fourrures, champs, plinthes, etc. seront comptées séparément et payées suivant les prix alloués chapitre 21.

4° Tous les angles arrondis seront payés à part, ainsi que les entailles profilées des marches d'escaliers (voir chapitre 21).

5° Toutes les moulures élégies sur les rives des plinthes, bandeaux, etc. seront payées en plus, par mètre linéaire :

		LE MÈTRE LINÉAIRE.
027m de profil en { sapin		» 05
chêne		» 08
054m de profil en { sapin		» 08
chêne		» 11

Pour celles de . . {

Parties cintrées.

6° Les embrasures, fourrures, champs, bandeaux, plinthes, etc. qui seront débillardés et cintrés sur une rive, les largeurs seront prises à la plus grande dimension, et seront comptées 1/10c en plus pour plus-value de main-d'œuvre.

7° Les mêmes ouvrages, de faible épaisseur, qui seront ployés au moyen de traits de scie, seront comptés 1/10c en plus pour plus-value de main-d'œuvre.

8° Les mêmes ouvrages qui seront débillardés et cintrés sur les deux rives, leur longueur ou largeur seront comptées double pour plus-value de main-d'œuvre.

Nᵒˢ DES ARTICLES.	DÉSIGNATION DES TRAVAUX.	LE MÈTRE SUPERFICIEL POUR			Nᵒˢ des PRIX.	OBSERVATIONS.
		FAÇON.	POSE.	FAÇON ET POSE.		

CHAPITRE XVI.

STYLOBATES EN PLUSIEURS PIÈCES, DRESSÉS,
BLANCHIS, CORROYÉS, RAINÉS, ASSEMBLÉS
ET POSÉS D'ONGLET,

Le mètre superficiel.

		FAÇON.	POSE.	FAÇON ET POSE.	Nᵒˢ	
En 2 parties lisses en	sapin.	» 85	» 75	1 60	414	
	chêne.	2 »	1 »	3 »	415	
En 2 parties moulurées dans le haut.	sapin.	1 »	» 80	1 80	416	
	chêne.	2 35	1 15	3 50	417	
En 3 parties avec cimaise dans le haut.	sapin.	1 30	» 90	2 20	418	
	chêne.	2 70	1 30	4 »	419	
En 4 parties avec filets et cimaise dans le haut.	sapin.	1 45	1 »	2 45	420	
	chêne.	3 10	1 40	4 50	421	

OBSERVATIONS ET MODE DE MESURAGE.

1° Les stylobates seront mesurés et comptés au mètre superficiel.

2° Toutes les coupes simples d'onglet en plus d'une par mètre linéaire de stylobate seront comptées séparément, et payées suivant les prix alloués (chapitre 21).

3° Tous les angles arrondis seront comptés séparément, ainsi que les entailles profilées dans le giron des marches d'escalier (voir chapitre 21).

Parties cintrées.

4° Pour les stylobates qui seront cintrés et débillardés sur une rive, les largeurs seront prises à la plus grande dimension, et seront comptées 1/10e en plus pour plus-value de main-d'œuvre.

5° Les mêmes ouvrages, de faible épaisseur, qui seront ployés au moyen de traits de scie, seront payés 1/10e en plus pour plus-value de main-d'œuvre.

N°s DES ARTICLES.	DÉSIGNATION DES TRAVAUX.	LE MÈTRE LINÉAIRE POUR				N°s des PRIX.	Observations
		REFENTE.	FAÇON.	POSE.	REFENTE, FAÇON ET POSE.		

CHAPITRE XVII.

PILASTRES ET CHAMBRANLES A CAISSONS,

Au mètre linéaire.

NOTA. — Tous les prix qui suivent comprennent toutes les rainures et languettes d'embrèvement, les assemblages d'onglets et contre-profils avec les autres parties, la pose en place, compris trous tamponnés, etc.

		REFENTE.	FAÇON.	POSE.	REFENTE, FAÇON ET POSE.	N°s des PRIX.	
	Pilastres lisses, blanchis, corroyés et poncés, 4 parements avec plinthes, astragales et chapiteaux — de 10e à 16e de largeur en { sapin.	»	» 40	» 25	» 65	422	
	chêne.	» 05	» 75	» 40	1 20	423	
	Pilastres élégis pour former cadre avec 2 ou 4 parcloses rapportées sur la hauteur, avec base, astragale et chapiteaux — Id. en. . { sapin.	»	» 80	» 30	1 10	424	
	chêne.	» 05	1 35	» 60	2 »	425	
	Pilastres élégis pour former cadre avec 6 parcloses rapportées sur la hauteur, avec base, astragale, et chapiteaux ou avec bracelets — Id. en. . { sapin.	»	1 10	» 40	1 50	426	
	chêne.	» 05	1 95	» 75	2 75	427	
	Les mêmes pilastres à 6 parcloses, à bracelets, avec cannelures dans une partie de la hauteur — Id. en. . { sapin.	»	1 50	» 50	2 »	428	
	chêne.	» 05	2 20	1 »	3 25	429	
	Les mêmes pilastres avec cannelures à fûts ou à filets — Id. en. . { sapin.	»	1 75	» 75	2 50	430	
	chêne.	» 05	2 70	1 25	4 »	431	

Nᵒˢ DES ARTICLES.	DÉSIGNATION DES TRAVAUX.			LE MÈTRE SUPERFICIEL POUR			Nᵒˢ des PRIX.	OBSERVATIONS.
				FAÇON.	POSE.	FAÇON ET POSE.		

CHAPITRE XVIII.

CHAMBRANLES, CIMAISES, MOULURES D'ARCHITRAVES ET MOULURES RAPPORTÉES SUR LES BOISERIES D'ASSEMBLAGES.

	DÉSIGNATION DES TRAVAUX			FAÇON.	POSE.	FAÇON ET POSE.	Nᵒˢ des PRIX	OBS.
	Chambranles, cimaises et moulures rapportés sur les boiseries, assemblés d'onglet, le mètre superficiel, compris socle	de 027ᵐ à 034ᵐ d'épˢʳ jusqu'à 05ᶜ de largeur en	sapin.	4	» 2	» 6	» 432	
			chêne.	6	» 3	» 9	» 433	
	Chambranles, cimaises et moulures rapportés sur les boiseries, mais de plusieurs pièces, compris rainures d'embrèvement, ravalés de moulures avec socle et assemblés d'onglet	de 027ᵐ d'épaisseur au-dessus de 05ᶜ de largeur en	sapin.	3 30	1 70	5	» 434	
			chêne.	5 25	2 75	8	» 435	
	Chambranles, cimaises, moulures, etc. etc.	de 041ᵐ à 054ᵐ d'épˢʳ au-dessus de 05ᶜ de largeur en	sapin.	4 20	1 80	6	» 436	
			chêne.	6 10	2 90	9	» 437	

OBSERVATIONS.

S'il existe sur les chambranles et moulures rapportées, sur les boiseries ou autres, des coins ronds rapportés ou demi-cercles tournés, ils seront comptés séparément. Les parties tournées seront fournies par les entrepreneurs, et il sera alloué, pour chaque partie rapportée :

$$\text{en.} \ldots \left\{ \begin{array}{l} \text{sapin.} \ldots \ldots \text{»} \ 30 \\ \text{chêne.} \ldots \ldots \text{»} \ 40 \end{array} \right.$$

Les chambranles et moulures rapportées seront mesurés et comptés au mètre superficiel. Il est bien entendu que les mesures seront prises sans développement d'épaisseur ni de saillie.

Tous les assemblages et joints d'onglet en plus d'un par mètre linéaire, seront payés séparément suivant les prix alloués (chapitre 21); ceux en moins ne seront pas déduits.

Les chambranles cintrés et débillardés sur les deux rives seront payés le double des prix ci-dessus alloués.

Les mêmes ouvrages qui seront cintrés au moyen de traits de scie lors de la pose seront payés 1/10e en plus des prix ci-dessus.

N⁰ˢ DES ARTICLES.	DÉSIGNATION DES TRAVAUX.	LE MÈTRE SUPERFICIEL POUR			N⁰ˢ des PRIX.	OBSERVATIONS.
		FAÇON.	POSE.	FAÇON ET POSE.		

CHAPITRE XIX.

CORNICHES ET COURONNEMENTS DE PORTES,

Au mètre superficiel.

N⁰ˢ	DÉSIGNATION		FAÇON	POSE	FAÇON ET POSE	N⁰ PRIX
60	CORNICHES volantes de plusieurs pièces (Le mètre superficiel.)	Celles au-dessus de 20ᵉ de surface à l'équerre, en { sapin. .	1 85	» 90	2 75	438
		chêne. .	3 »	1 50	4 50	439
		Celles au-dessous de 20ᵉ de développement à l'équerre, en { sapin. .	2 20	1 »	3 20	440
		chêne. .	3 50	2 »	5 50	441
		Celles au-dessous de 15ᵉ de développement à l'équerre, en { sapin. .	2 35	1 25	3 60	442
		chêne. .	4 25	2 25	6 50	443

OBSERVATIONS & MODE DE MESURAGE.

Les corniches seront mesurées à l'équerre, en prenant la hauteur et la saillie additionnées ensemble et multipliées par la longueur prise dans la plus grande longueur des profils. Tous les assemblages et joints à coupes d'onglet, en plus d'une par mètre linéaire, seront payés à part suivant les prix alloués chapitre 21. — Les corniches avec denticules rapportées et collées seront payées en plus, le mètre linéaire :

Celles en. . . . { sapin. . . . . » 20
{ chêne. . . . . » 35

Les corniches à caissons avec moulures ravalées ou rapportées seront payées en plus, le mètre linéaire :

Celles en. . . . { sapin. . . . . » 60
{ chêne. . . . . » 80

Les corniches à compartiments de grandes distances ne seront pas considérées comme corniches à caissons. — Les moulures ou parcloses rapportées seront payées à part.

Les corniches cintrées seront mesurées et comptées comme les chambranles (chapitre 18).

Nos DES ARTICLES.	DÉSIGNATION DES TRAVAUX.	LE MÈTRE LINÉAIRE POUR			Nos des PRIX.	OBSERVATIONS.
		FAÇON.	POSE.	FAÇON ET POSE.		

CHAPITRE XX.

BAGUETTES D'ANGLES, BARRES D'APPUI, CRÉMAILLÈRES ET TASSEAUX,

Au mètre linéaire.

—◦◦◦—

Nos DES ARTICLES.	DÉSIGNATION DES TRAVAUX.	FAÇON.	POSE.	FAÇON ET POSE.	Nos des PRIX.	OBSERVATIONS.
61	BAGUETTES D'ANGLES en bois des épaisseurs de { de 020m à 030m de diamètre en { sapin. .	» 13	» 12	» 25	448	
	chêne. .	» 20	» 15	» 35	449	
62	BARRES D'APPUI ou de banquettes { profil olive en { sapin. chêne ou noyer.	» 23	» 12	» 35	450	
		» 40	» 20	» 60	451	
	profil à gorge en { sapin. chêne ou noyer.	» 35	» 15	» 50	452	
		» 50	» 25	» 75	453	
	Crémaillères en hêtre ou en chêne.	» 15	» 25	» 40	454	
63	TASSEAUX { Pour tablettes ou rayons ordinaires en { sapin. .	» 07	» 08	» 15	455	
	chêne. .	» 15	» 10	» 25	456	
	LA PIÈCE.					
	pour tablettes de bibliothèques (la pièce) en { sapin. .	» 07	» 03	» 10	457	
	chêne. .	» 11	» 04	» 15	458	

N^{os} DES ARTICLES.	DÉSIGNATION DES TRAVAUX.			LA PIÈCE EN		N^{os} des PRIX.	OBSERVATIONS.
				SAPIN.	CHÊNE.		

CHAPITRE XXI.

OUVRAGES DIVERS PAR ORDRE ALPHABÉTIQUE.

A.

N	DÉSIGNATION	rayon	dimension	lieu	SAPIN	CHÊNE	PRIX
64	Arrondissements d'angles à la lime de tablettes ou autres (La pièce.)	pour un rayon de 10c à 15c	de 027m à 034m d'épaisseur	à l'atelier.	» 10	» 15	459
				sur le tas.	» 12	» 18	460
			de 041m à 054m d'épaisseur	à l'atelier.	» 15	» 20	461
				sur le tas.	» 18	» 25	462
		pour un rayon de 16c à 25c	de 027m à 034m d'épaisseur	à l'atelier.	» 12	» 18	463
				sur le tas.	» 15	» 20	464
			de 041m à 054m d'épaisseur	à l'atelier.	» 18	» 25	465
				sur le tas.	» 22	» 30	466

LE MÈTRE LINÉAIRE — SAPIN. — CHÊNE.

65	Arrondissements D'ÉPAISSEURS à la lime (Le mètre linéaire)	de tablettes ou autres	de 027m à 034m d'épaisseur	» 06	» 10	467
			de 041m à 054m id.	» 12	» 18	468

LA PIÈCE

66	ASSEMBLAGES (La pièce.)	à tenons ou à queue de 08c à 11c de largeur, en bois des épaisseurs de	034m à 041m	à l'atelier.	» 08	» 12	469
				sur le tas.	» 12	» 16	470
			045m à 054m	à l'atelier.	» 12	» 20	471
				sur le tas.	» 15	» 25	472
			061m à 080m	à l'atelier.	» 15	» 25	473
				sur le tas.	» 20	» 30	474

Nos DES ARTICLES.	DÉSIGNATION DES TRAVAUX.		LA PIÈCE EN		Nos des PRIX.	OBSERVATIONS.
			SAPIN.	CHÊNE.		
		de 034m à 041m d'épaisseur. { à l'atelier . .	» 20	» 30	475	
		{ sur le tas . .	» 30	» 40	476	
67	A TRAITS DE JUPITER, de 08c à 11c de largeur, en bois de	de 045m à 054m d'épaisseur. { à l'atelier . .	» 25	» 35	477	
		{ sur le tas . .	» 35	» 45	478	
		de 061m à 080m d'épaisseur. { à l'atelier . .	» 35	» 45	479	
		{ sur le tas . .	» 45	» 55	480	
		de 034m à 041m d'épaisseur. { à l'atelier . .	» 30	» 40	481	
		{ sur le tas . .	» 40	» 50	482	
68	A TENONS D'ONGLET, de 08c à 11c de largeur, en bois de	de 045m à 054m d'épaisseur. { à l'atelier . .	» 35	» 45	483	
		{ sur le tas . .	» 45	» 55	484	
		de 061m à 080m d'épaisseur. { à l'atelier . .	» 45	» 55	485	
		{ sur le tas . .	» 55	» 65	486	

Nota. 1° Ces assemblages ne seront comptés séparément des bâtis, escaliers ou autres parties, que lorsqu'ils auront été faits accidentellement, et sur les parties qui auront été estimées comme ne comportant pas lesdits assemblages de l'ensemble des travaux, ou bien encore lorsque la moyenne des assemblages de l'ensemble des travaux excédera plus d'un assemblage par mètre; l'excédant, dans ce cas, sera compté séparément aux prix alloués ci-dessus;

2° Les mortaises seules vaudront les deux tiers des assemblages. . . . .   Obons   Obons

C.

69	CHANTOURNEMENTS circulaires à la scie et dresser les rives au besoin sur parties unies, cintrées en élévation.	de 027m à 034m d'épaisseur.	» 20	» 30	487	
		de 041m id. . .	» 25	» 35	488	
		de 054m à 061m id. . .	» 30	» 40	489	

Nos DES ARTICLES.	DÉSIGNATION DES TRAVAUX.			LA PIÈCE EN		Nos des PRIX.	OBSERVATIONS.
				SAPIN.	CHÊNE.		
		jusqu'à 10ᶜ de longueur. .	à l'atelier.	» 03	» 04	490	
			sur le tas .	» 05	» 06	491	
		de 11ᶜ à 20ᶜ id. . . .	à l'atelier.	» 96	» 08	492	
			sur le tas .	» 10	» 12	493	
70	COUPES SIMPLES d'onglet pour chambranle, moulures, cimaises, corniches.	de 21ᶜ à 30ᶜ id. . . .	à l'atelier.	» 12	» 16	494	
			sur le tas .	» 20	» 24	495	
		jusqu'à 10ᶜ de largeur . .	à l'atelier.	» 05	» 06	496	
			sur le tas .	» 07	» 08	497	
	041ᵐ à 054ᵐ d'épaisseur	de 11ᶜ à 20ᶜ de largeur. .	à l'atelier.	» 10	» 12	498	
			sur le tas .	» 14	» 16	499	
		de 21ᶜ à 30ᶜ de largeur. .	à l'atelier.	» 20	» 24	500	
			sur le tas .	» 25	» 30	501	

Nota. Ces coupes simples d'onglet ne seront comptées séparément des plinthes, bandeaux, chambranles, corniches ou autres parties, que lorsqu'elles auront été faites accidentellement et sur les parties qui auront été estimées comme ne comportant pas lesdits assemblages, ou bien encore lorsque la moyenne des assemblages de l'ensemble excédera plus d'un assemblage par mètre; l'excédant, dans ce cas, sera compté séparément aux prix alloués ci-dessus;

2° Les assemblages d'onglet seront payés le double des couples simples d'onglet . . . .   Obᵒⁿ   Obᵒⁿ

3° Les contre-profils d'onglet au droit des retours de pilastres ou autres, seront payés le même prix que les joints d'onglet. . . . .   Obᵒⁿ   Obᵒⁿ

4° Les coupes refouillées pour développement dans les plinthes, cimaises et stylobates, vaudront les joints d'onglet. . . . .   Obᵒⁿ   Obᵒⁿ

Nᵒˢ DES ARTICLES.	DÉSIGNATION DES TRAVAUX.	LA PIÈCE EN		Nᵒˢ des PRIX.	OBSERVATIONS.
		SAPIN.	CHÊNE.		
	E.				
	ENTAILLES PROFILÉES dans les plinthes et stylobates contre le giron des marches d'escalier	» 15	» 25	502	
	G.				
	GOUSSETS EN CONSOLES à chantournement simple pour support de tablettes, rayons, etc., de 10ᶜ à 20ᶜ de saillie	» 20	» 40	503	
	25ᶜ à 35ᶜ id.	» 30	» 60	504	
	P.				
	POTENCES D'ASSEMBLAGE ou pieds de chèvre, de . 20ᶜ de saillie	» 30	» 60	505	
	25ᶜ à 35ᶜ id.	» 35	» 70	506	
	40ᶜ à 50ᶜ id.	» 45	» 85	507	
	Nota. Toutes les potences ou pieds de chèvre au-dessus de ces dimensions, seront développées et payées comme bâtis, et les assemblages en plus d'un par mètre linéaire seront payés séparément	0bⁿ	0bⁿ		

		LA PIÈCE EN		
		SAPIN.	CHÊNE et SAPIN.	CHÊNE.

Nᵒˢ DES ARTICLES.	DÉSIGNATION DES TRAVAUX.	SAPIN.	CHÊNE et SAPIN.	CHÊNE.	Nᵒˢ des PRIX.
71	TIROIRS A TÊTES de 027ᵐ à 034ᵐ, côtés de 013ᵐ à 020ᵐ, assemblés à queue, fond de 015ᵐ à 020ᵐ embrevé. (La pièce.) La mesure prise à l'équerre. de 08ᶜ à 10ᶜ de hauteur. de 0ᵐ 32ᶜ à l'équerre.	» 80	1 »	1 20	508
	de 0ᵐ 65ᶜ id. . .	1 »	1 30	1 50	509
	de 1ᵐ 00ᶜ id. . .	1 25	1 60	1 75	510
	de 1ᵐ 30ᶜ id. . .	1 70	1 90	2 »	511
	de 11ᶜ à 15ᶜ de hauteur. de 0ᵐ 32ᶜ à l'équerre.	» 95	1 20	1 40	512
	de 0ᵐ 65ᶜ id. . .	1 20	1 50	1 70	513
	de 1ᵐ 00ᶜ id. . .	1 45	1 75	2 05	514
	de 1ᵐ 30ᶜ id. . .	1 90	2 10	2 25	515

Nota. Les autres proportionnellement et pour la différence existant entre les dimensions ci-dessus.

TABLE DES MATIÈRES.

Chanoine, imprimeur à Lyon.

31

www.ingramcontent.com/pod-product-compliance
Lightning Source LLC
Chambersburg PA
CBHW070810210326
41520CB00011B/1889